流浪乞讨人员救助管理站建设标准

建标 171—2015

主编部门：中华人民共和国民政部
批准部门：中华人民共和国住房和城乡建设部
　　　　　中华人民共和国国家发展和改革委员会
施行日期：2015年10月1日

中国计划出版社

2015　北　京

中华人民共和国住房和城乡建设部
中华人民共和国国家发展和改革委员会

流浪乞讨人员救助管理站建设标准

建标 171—2015

☆

中国计划出版社出版

网址：www.jhpress.com

地址：北京市西城区木樨地北里甲 11 号国宏大厦 C 座 3 层

邮政编码：100038　电话：(010)63906433(发行部)

新华书店北京发行所发行

三河富华印刷包装有限公司印刷

850mm×1168mm　1/32　1.5 印张　36 千字
2015 年 9 月第 1 版　2015 年 9 月第 1 次印刷

☆

统一书号：1580242·711

定价：12.00 元

版权所有　侵权必究

侵权举报电话：(010)63906404

如有印装质量问题，请寄本社出版部调换

住房城乡建设部 国家发展改革委关于批准发布《流浪乞讨人员救助管理站建设标准》的通知

建标〔2015〕77号

国务院有关部门，各省、自治区、直辖市、计划单列市住房城乡建设厅（委、局）、发展改革委，新疆生产建设兵团建设局、发展改革委：

根据住房城乡建设部《关于印发2011年建设标准编制项目计划的通知》（建标〔2011〕184号）要求，由民政部组织编制的《流浪乞讨人员救助管理站建设标准》已经有关部门会审，现批准发布，自2015年10月1日起施行。

在流浪乞讨人员救助管理站建设项目的审批、核准、设计和建设过程中，要严格遵守国家关于严格控制建设标准、进一步降低工程造价的相关要求，认真执行本建设标准，坚决控制工程造价。

本建设标准的管理由住房城乡建设部、国家发展改革委负责，具体解释工作由民政部负责。

中华人民共和国住房和城乡建设部
中华人民共和国国家发展和改革委员会
2015年6月4日

前　言

《流浪乞讨人员救助管理站建设标准》(以下简称"本建设标准")是根据住房城乡建设部《关于印发〈2011年建设标准编制项目计划〉的通知》(建标〔2011〕184号)的要求,由民政部组织有关单位共同编制的。

在编制过程中,编制组遵循《城市生活无着的流浪乞讨人员救助管理办法》、《城市生活无着的流浪乞讨人员救助管理办法实施细则》、《救助管理站服务》、《救助管理机构等级评定》、《救助管理机构基本规范》等法规和政策性文件,在全国不同地区进行了广泛深入的调查研究,总结各地流浪乞讨人员救助管理站建设的经验教训,在此基础上,科学地对大量资料进行认证分析,形成了本建设标准的征求意见稿,经广泛征求有关方面的意见、反复修改补充形成了送审稿,经专家审查会通过,形成报批稿,并经住房城乡建设部、国家发展改革委批准发布。

本建设标准共分六章和一个附录,即:总则、建设规模及项目构成、建筑面积及相关指标、选址及规划布局、建筑标准及有关设施、主要经济技术指标等。

在执行本建设标准过程中,请有关单位注意总结经验、积累资料。如发现需要修改和补充之处,请将意见和有关资料寄交民政部规划财务司(地址:北京市东城区北沿河大街147号,邮政编码:100721),以便今后修订时参考。本标准的解释单位是民政部规划财务司。

主编部门：民政部规划财务司
　　　　　　民政部社会事务司
主编单位：东南大学建筑学院
　　　　　　南京市民政局

参 编 单 位：东南大学城市规划设计研究院有限公司
　　　　　　南京金陵科技学院
编制组成员：宫蒲光　徐　立　冯亚平　刘　健　倪春霞
　　　　　　缪　丽　刘　伟　王　进　石德华　居怀香
　　　　　　戴阿根　邢建峰　冷嘉伟　朱　雷　段　进
　　　　　　鲍　莉　吴锦绣　刘　琰　龙书芹　张　萍
　　　　　　王　琪
主要起草人：冷嘉伟　朱　雷　鲍　莉　吴锦绣　刘　琰
　　　　　　龙书芹　张　萍　王　琪

目 录

第一章 总　　则	（1）
第二章 建设规模及项目构成	（3）
第三章 建筑面积及相关指标	（5）
第四章 选址及规划布局	（6）
第五章 建筑标准及有关设施	（7）
第六章 主要技术经济指标	（9）
附录一 流浪乞讨人员救助管理站各类用房详表	（11）
本建设标准用词和用语说明	（13）
附件 流浪乞讨人员救助管理站建设标准条文说明	（15）

第一章 总 则

第一条 为加强和规范流浪乞讨人员救助管理站建设,提高建设项目投资决策和管理水平,充分发挥投资效益,更好地开展流浪乞讨人员救助工作,制定本建设标准。

第二条 本建设标准是流浪乞讨人员救助管理站项目投资决策和控制建设水平的统一标准,是编制、评估和审批流浪乞讨人员救助管理站项目建议书、可行性研究报告和初步设计的重要依据,也是有关部门对项目建设全过程进行监督检查的基准。

第三条 本建设标准适用于流浪乞讨人员救助管理站的新建、改建和扩建工程项目。

第四条 流浪乞讨人员救助管理站建设应遵循国家经济建设的方针政策,符合有关法律法规,从满足开展流浪乞讨人员救助工作的基本需求出发,统筹兼顾,因地制宜;以所在地的社会经济现状为基础,兼顾一定的发展需要,合理确定建设水平,做到适用、经济、安全。

第五条 流浪乞讨人员救助管理站建设应纳入所在地城乡规划。房屋建筑应与周围环境相协调,并应符合节约用地、节能减排、环境保护的规定。

第六条 流浪乞讨人员救助管理站的建设应坚持以人为本,突出救助性、服务性的特点,兼顾管理需要,做到功能完善、配置合理、条件适宜,满足对流浪乞讨人员提供临时生活救助,保障其基本生存权益的要求。

第七条 流浪乞讨人员救助管理站建设应充分利用社会公共服务和其他福利、救助设施,实行资源整合与共享,做到统一规划布局,一次或分期实施。流浪乞讨人员救助管理站宜与流浪未成年人救助保护中心按照分区设置的要求统筹建设,流浪未成年人救助保护中心的建设标准应按照现行行业标准《流浪未成年人救助保护中心建设标准》建标 111 的规定执行。

第八条 流浪乞讨人员救助管理站的建设，除应符合本建设标准外，尚应符合国家现行有关标准及定额的规定。

第二章 建设规模及项目构成

第九条 流浪乞讨人员救助管理站建设规模应根据年救助流浪乞讨人员量确定。

第十条 流浪乞讨人员救助管理站建设规模分类及其床位数划分应符合表1的规定。

表1 流浪乞讨人员救助管理站建设规模分类表

建设规模		年救助流浪乞讨人员量(人次)
类别	床位数(张)	
一类	200～300	7000～11000
二类	100～199	3500～6999
三类	50～99	1500～3499
四类	30～49	1500以下

注:1 本表所列年救助流浪乞讨人员量(人次)为登记入站的救助流浪乞讨人员量。

2 接近年救助流浪乞讨人员量低值的,其建设规模宜采用对应床位数低值;接近年救助流浪乞讨人员量高值的,其建设规模宜采用床位数高值;中间部分采用插值法确定。

3 年救助流浪乞讨人员量超过11000人次的,可分点建设或根据实际需要参照一类床位数的计算标准适当增加床位数。

第十一条 流浪乞讨人员救助管理站建设项目由房屋建筑、场地、建筑设备和基本装备构成。

第十二条 流浪乞讨人员救助管理站房屋建筑包括受助人员用房、管理用房、工作人员生活用房及附属用房。各类用房详见附录一。

第十三条 流浪乞讨人员救助管理站的场地包括道路、绿地、室外活动场和停车场等。

第十四条 流浪乞讨人员救助管理站的建筑设备包括给排水、暖通空调、建筑供配电、弱电等系统及无障碍设施等。

第十五条 流浪乞讨人员救助管理站基本装备包括安全检查、安全防护、生活活动设施、办公设备、医务器具等,并应配置相应的专用救助车。

第三章 建筑面积及相关指标

第十六条 流浪乞讨人员救助管理站房屋总建筑面积应根据批准的床位数乘以床均建筑面积指标确定。

第十七条 各类流浪乞讨人员救助管理站床均建筑面积指标应按以下规定执行：一类不高于 $25m^2/$床；二类不高于 $27m^2/$床；三类不高于 $30m^2/$床；四类不高于 $32m^2/$床。其中受助人员用房建筑面积不应低于房屋总建筑面积的 70%。

第十八条 流浪乞讨人员救助管理站各类用房使用面积指标应参照表2确定。

表2 流浪乞讨人员救助管理站用房使用面积指标（$m^2/$床）

用房名称		使用面积指标			
	规模	一类	二类	三类	四类
受助人员用房	接待用房	1.69	1.94	2.32	2.62
	生活用房	7.38	7.79	8.27	8.27
	活动用房	1.74	1.90	2.37	2.71
	医务用房	0.56	0.66	0.69	0.96
	合计	11.37	12.29	13.65	14.56
管理用房		1.45	1.56	1.84	2.20
工作人员生活用房		1.31	1.47	1.65	1.25
附属用房		2.12	2.23	2.36	2.79
总计		16.25	17.55	19.50	20.80

注：1 各类用房使用系数平均按0.65计算。

2 三、四类救助管理站不含观察隔离室，医务用房面积指标相应减少。

3 四类救助管理站不含工作人员值勤宿舍，工作人员生活用房面积指标相应减少。

第十九条 一、二、三、四类流浪乞讨人员救助管理站室外活动场地面积宜分别按不低于 $4.0m^2/$床、$4.0m^2/$床、$4.0m^2/$床和 $4.5m^2/$床核定。

第四章 选址及规划布局

第二十条 新建流浪乞讨人员救助管理站的选址应符合所在地城乡规划，宜在城区范围内，并满足下列要求：
　　一、工程地质和水文地质条件应适合工程建设；
　　二、交通便利，并应具备供电、给排水、通信等市政条件；
　　三、便于利用周边的生活、卫生、医疗等社会公共服务设施；
　　四、远离各类危险源和污染源。

第二十一条 流浪乞讨人员救助管理站应按照功能要求、救助流程以及受助人员的特点进行总体布局，做到分区合理、线路通畅、服务方便，同时，场地应设有对外紧急疏散出口。

第二十二条 流浪乞讨人员救助管理站的建设用地应根据建筑要求和节约用地的原则确定。建筑宜为低层或多层，容积率宜为0.65~1.0，绿地率应符合当地城市规划行政部门的相关规定且宜不低于25%，机动车停车应符合当地城市行政管理部门的相关规定。

第二十三条 流浪乞讨人员救助管理站若与流浪未成年人救助保护中心合建，应单独设置未成年人生活区和能够独立使用的活动区，各自独立管理。

第五章 建筑标准及有关设施

第二十四条 流浪乞讨人员救助管理站的建筑标准应根据有利于流浪乞讨人员身心健康和适用、经济、安全的原则以及国家对救助管理的具体要求合理确定。

第二十五条 流浪乞讨人员救助管理站区周界宜设置围护设施，或利用建筑进行围合。

第二十六条 流浪乞讨人员救助管理站的建筑外观应做到色调明快、简洁大方、标识清晰。

第二十七条 受助人员居室应根据受助者的特点及需要，按照分类救助、分类管理、分类处置的要求进行设置，包括男性成年受助人员居室、男性未成年受助人员居室、女性成年受助人员居室、女性未成年受助人员居室、智障及残障等特殊受助人员居室。各类居室中受助人员床位应采用单层床。

第二十八条 受助人员用房的内装修应符合温馨、实用、环保、易清洁的要求。墙面和墙裙的色调应适合受助人员的心理特点。观察室和智障及残障等特殊受助人员居室内的方柱和内墙的阳角应做成圆角，并应对插座、插头采取防护措施。管理用房的装修应符合《党政机关办公用房建设标准》的相关规定。

第二十九条 受助人员生活区应设置卫生间、盥洗室及浴室，并应配备防滑设施，其数量参照现行行业标准《宿舍建筑设计规范》JGJ 36 的相关规定执行。观察室和智障及残障等特殊受助人员居室可设独立卫生间。

第三十条 流浪乞讨人员救助管理站受助人员生活和活动用房应保证良好的通风采光条件，居室的窗地比不应低于 1∶7。

第三十一条 观察室和智障及残障等特殊受助人员居室的采光窗应设置紧急状况下能够从外部开启的安全护栏。

第三十二条 受助人员餐厅与工作人员餐厅应分开设置，餐厅设置应当照顾老年人、少数民族人员和患病人员的特殊饮食需求。流浪乞讨人员救助管理站与流浪未成年人救助保护中心合建时，餐厅设置还应当照顾未成年人的饮食需求。

第三十三条 入站登记区应配备金属探测器等安全检测设备，消毒室内应设有消毒和冲洗设施；洗衣房内部布置应符合洗衣、消毒等流程和洁污分流的要求。

第三十四条 采暖区的流浪乞讨人员救助管理站宜采用热水采暖系统；最热月平均室外气温高于或等于25℃的地区，应安装有防护网且可变风向的吸顶式电风扇或预留分体空调设备的管线和位置。

第三十五条 流浪乞讨人员救助管理站供电应满足照明、消防和设备需要，流浪乞讨人员用房的电器装置应符合安全要求。

第三十六条 流浪乞讨人员救助管理站建筑耐火等级不应低于二级，消防设施的配置应符合有关建筑防火的规定。

第三十七条 流浪乞讨人员救助管理站应按智能化管理的需要敷设线路。居室应设呼叫系统，公共区域、观察室、智障及残障等特殊受助人员居室及站区周界应设监控系统。

第六章 主要技术经济指标

第三十八条 流浪乞讨人员救助管理站的投资估算应按国家有关规定编制。本章所列指标,可作为评估或审批项目可行性研究报告的依据,并根据工程实际内容及价格变化的情况,按照动态管理的原则进行调整。

第三十九条 各类流浪乞讨人员救助管理站投资估算指标可参照表3控制。

表3 流浪乞讨人员救助管理站投资估算指标(非采暖地区)

建设规模		投资估算指标(万元/床)
类型	床位数(张)	
一类	200～300	7.28～6.98
二类	100～199	8.20～7.28
三类	50～99	9.48～8.20
四类	30～49	10.50～9.48

注:1 投资估算不包括外部配套、土地费、室内家具设施、专用救助车等。
　 2 表中投资估算指标参照2014年江苏省二季度人工、材料及机械费用及相应的取费费率标准计算。
　 3 同一规模类型,规模大的取下限,规模小的取上限,中间规模按插入法测算。
　 4 采暖地区可在本表基础上增加5%。

第四十条 各类流浪乞讨人员救助管理站建设工期可按表4控制。

表 4　流浪乞讨人员救助管理站建设工期(非采暖地区)

建 设 规 模		施工建设工期(日)
类型	床位数(张)	
一类	200～300	280～315
二类	100～199	265～280
三类	50～99	245～265
四类	30～49	235～245

注：1　按《全国统一建筑安装工程工期定额》中六层以下(含六层)、现浇框架结构类型、Ⅰ类地区计算。

　　2　表中所列工期以破土动工统计，不包括非正常停工。

　　3　每月按22个工作日计算。

　　4　同一规模类型，规模大的取上限，规模小的取下限，中间规模按插入法测算。

　　5　采暖地区可在本表基础上增加20%。

第四十一条　流浪乞讨人员救助管理站应按国家现行的有关建设项目经济评价方法与参数的规定进行经济评价。

附录一 流浪乞讨人员救助管理站各类用房详表

表一 流浪乞讨人员救助管理站各类用房详表

项 目		类 型				备 注
		一类	二类	三类	四类	
救助人员用房	接待用房					
	接待厅	√	√	√	√	包括等待、查询、检查、登记
	安保室	√	√	√	√	包括安保、监控
	警务室	√	√			三、四类不单设
	物品保管室	√	√	√	√	
	值班室	√	√	√		
	入站消毒室	√	√	√		四类不单设
	入站观察室	√	√	√	√	
	生活用房					
	男受助人员宿舍	√	√	√	√	
	女受助人员宿舍	√	√	√	√	
	特殊人员宿舍	√	√	√	√	包括残障、智障及其他特殊人员宿舍
	母婴室	√	√			三、四类不单设
	公共卫生间	√	√	√	√	包括卫厕、洗漱、洗浴等
	受助人员餐厅	√	√	√	√	
	理发室	√	√			三、四类不单设
	管理值班室	√	√	√	√	一、二、三类应按男、女分区设置
	储藏室	√	√	√	√	

续表一

项　目		类型				备　注
		一类	二类	三类	四类	
救助人员用房	活动用房	活动室	√	√	√	√	
		社会工作室	√	√	√	√	
		心理辅导室	√	√	√		四类不单设
		多功能室	√	√			三、四类不单设
	医务用房	诊室	√	√			三、四类不单设
		治疗室	√	√	√	√	
		观察隔离室	√	√			三、四类不单设
		处置室	√	√	√	√	
管理用房		办公室	√	√	√	√	
		会议室	√	√	√	√	
		财务室	√	√	√	√	
		档案室	√	√	√	√	
工作人员生活用房		工作人员餐厅	√	√	√	√	
		值勤宿舍	√	√	√		含工作人员备勤宿舍、外来人员临时宿舍，四类不单设
		活动室	√	√	√		四类不单设
附属用房		洗衣房	√	√	√	√	
		厨房	√	√	√	√	
		门卫室	√	√	√	√	
		库房	√	√	√	√	
		车库	√	√	√	√	
		设备用房	√	√	√	√	包括配电室、锅炉房、电梯机房、通信机房、空调机房等

注：√表示应具备。

本建设标准用词和用语说明

1 为便于在执行本建设标准条文时区别对待,对要求严格程度不同的用词说明如下:

1)表示很严格,非这样做不可的:

正面词采用"必须",反面词采用"严禁";

2)表示严格,在正常情况下均应这样做的:

正面词采用"应",反面词采用"不应"或"不得";

3)表示允许稍有选择,在条件许可时首先应这样做的:

正面词采用"宜",反面词采用"不宜";

4)表示有选择,在一定条件下可以这样做的用词,采用"可"。

2 条文中指明应按其他相关标准执行的写法为:"应符合……的规定"或"应按……执行"。

附 件

流浪乞讨人员救助管理站建设标准

建标 171—2015

条 文 说 明

目 录

第一章 总 则 …………………………………………（19）
第二章 建设规模及项目构成 …………………………（22）
第三章 建筑面积及相关指标 …………………………（29）
第四章 选址及规划布局 ………………………………（34）
第五章 建筑标准及有关设施 …………………………（36）
第六章 主要技术经济指标 ……………………………（39）

第一章 总 则

第一条 本条阐明制定本建设标准的目的和意义。

流浪乞讨人员的救助制度是我国社会救助体系的重要组成部分,是保障流浪乞讨人员基本生存权益、维护其人格尊严、预防其违法犯罪的重要方面,也是构建和谐社会、落实科学发展观的重要内容。改革开放以来,随着经济体制转轨和社会转型,人口流动日益频繁,由于贫富差距、家庭困难、意外事件、个体选择等原因,城市中存在相当数量的流浪乞讨人员。流浪乞讨人员是社会弱势群体,生存状况恶劣,基本权益难以保障,也易于走上违法犯罪道路,影响国家的长治久安。建立和完善流浪乞讨人员救助设施,为其提供救助是一项重要的政府行为,得到了党中央和国务院的高度重视。2003年国家颁布《城市生活无着的流浪乞讨人员救助管理办法》(中华人民共和国国务院令第381号)和《城市生活无着的流浪乞讨人员救助管理办法实施细则》(中华人民共和国民政部令第24号),明确了对流浪乞讨人员实行救助的政策和措施;2006年《中共中央关于构建社会主义和谐社会若干重大问题的决定》强调要"加强城市生活无着的流浪乞讨人员救助等制度";2009年民政部下发了《民政部关于在全国开展救助管理机构规范化建设的意见》,进一步具体部署和落实这项工作。

现有流浪乞讨人员救助管理站相当一部分是在2003年救助管理体制改革后,依托原有收容遣送机构简单改造而成的,普遍存在数量少、规模小、设施简陋、功能不全等问题,服务内容也不能完全满足民政部《生活无着的流浪乞讨人员救助管理机构工作规程》的要求。为了合理确定新建和改建、扩建流浪乞讨人员救助管理站的建设规模和水平,完善配套设施,规范建筑布局和设计,制定相关建设标准显得尤为紧迫。通过本建设标准的编制和实施,可以进一步加强和规范流浪乞讨人员救助管理站的建设，提高投资效益和社会效益，使其更好地为流浪乞讨人员服务。

第二条 本条阐明本建设标准的作用及其权威性。

本建设标准从规范政府投资工程项目的建设行为，加强科学管理，合理确定投资规模和建设水平，充分发挥投资效益出发，严格按照工程建设标准编制的规定和程序，深入调查研究，总结实践经验，进行科学论证，广泛听取有关单位和专家意见，确保编制质量；同时兼顾了地域、经济发展水平、服务人群数量等方面的差异，以切合实际，便于操作。因此本建设标准是流浪乞讨人员救助管理站工程建设的全国统一标准。

第三条 本条阐明本建设标准的适用范围。

鉴于目前部分县和县市级城市尚无专门的流浪乞讨人员救助管理站，一些已有救助管理站设施条件差，不能满足救助工作的要求，需要加以新建或在现有基础上改建、扩建，故本建设标准适用于流浪乞讨人员救助管理站的新建、改建和扩建工程。

第四条 本条阐明了流浪乞讨人员救助管理站建设应遵循的法律法规和指导思想、原则。

流浪乞讨人员救助管理站是开展流浪乞讨人员救助工作的基本设施，它的建设应遵循国家经济建设方针，符合《城市生活无着的流浪乞讨人员救助管理办法》、《城市生活无着的流浪乞讨人员救助管理办法实施细则》等政策文件。《生活无着的流浪乞讨人员救助管理机构工作规程》、《民政部关于在全国开展救助管理机构规范化建设的意见》、《关于进一步加强城市街头流浪乞讨人员救助管理和流浪未成年人解救保护工作的通知》，对流浪乞讨人员救助工作在服务对象、服务内容和服务方式上提出了新的要求，并在救助设施的建设方面采取了相应的措施。在实施过程中，必须贯彻"以人为本"的科学发展观，同时考虑到我国现有的社会经济发展水平和各地差异，强调从我国国情出发，以所在地的社会经济现状为基础，兼顾一定的发展需要，因地制宜，合理确定流浪乞讨人员救助管理站的规模和建设水平。

第五条 本条明确了流浪乞讨人员救助管理站建设用地的申报、划拨。

流浪乞讨人员救助工作是一项社会公益事业,属于政府行为。中华人民共和国国务院令第381号《城市生活无着的流浪乞讨人员管理办法》明确指出,"对在城市中生活无着的流浪乞讨人员实行救助,保障其基本生活权益","县级以上城市人民政府应当采取积极措施及时救助流浪乞讨人员,并应当将救助工作所需管理经费列入财政预算,予以保障"。流浪乞讨人员救助管理站的建设应按照社会公益事业的要求纳入所在地城乡规划。节约用地、节能减排、环境保护作为一项国策,本建设标准对此也做了强调。

第六条 本条阐明了流浪乞讨人员救助管理站建设的总体要求,这是根据流浪乞讨人员救助管理站的工作性质、任务和特点提出的。

第七条 本条明确了流浪乞讨人员救助管理站在建设中应注意的问题。

流浪乞讨人员救助工作是一项系统工程,其工作涉及面广,设施建设内容多。为充分利用社会资源和公共设施,避免不必要的重复建设,流浪乞讨人员救助管理站可以与社会公共服务和其他福利、救助设施实行资源整合与共享,考虑到各地经济发展水平不同,流浪乞讨人员救助管理站可以进行一次规划,分期建设。

流浪乞讨人员救助管理站宜与流浪未成年人救助保护中心统筹建设,合建应满足分区设置的要求,并执行各自的建设标准。流浪乞讨人员救助管理站与流浪未成年人救助保护中心可以共用的用房及面积不得重复设置和计算。

第八条 本条阐明了本建设标准与国家有关标准及定额的关系。

第二章 建设规模及项目构成

第九条 本条阐明了流浪乞讨人员救助管理站规模分类和建设规模的依据。

根据《城市生活无着的流浪乞讨人员救助管理办法》的规定，流浪乞讨人员救助管理站的救助对象是"因自身无力解决食宿，无亲友投靠，又不享受城市最低生活保障或者农村五保供养，正在城市流浪乞讨度日的人员"。其规模确立和各项设施标准主要与其救助对象数量，即救助流浪乞讨人员量直接相关。故本建设标准以年救助流浪乞讨人员量（以下简称"年救助量"）进行规模分类。

在确定年救助量时，各地救助管理站应综合考虑最近五年的实际救助量及变化趋势，以使流浪乞讨人员救助管理站的建设既能满足当前需要，又可兼顾今后发展。尚未设置救助点的地区可参照相似地区执行。

本建设标准中的年救助流浪乞讨人员量不包括未成年人。流浪乞讨人员救助管理站若与流浪未成年人保护中心合建，在测算规模时应避免救助人员重复计算。

第十条 本条阐明了流浪乞讨人员救助管理站的规模分类及其床位数划分。

流浪乞讨人员救助管理站建设规模按照床位数分类是参照民政部《救助管理机构等级评定》中三个级别的划分（一级床位在200张以上，二级床位在100张以上，三级床位在50张以上）以及《流浪未成年人救助保护中心建设标准》中对三类规模的划分，并根据实际调查情况，针对县级站建设和使用的实际需要，进行了补充，共分为一、二、三、四类。根据国务院第381号令《城市生活无着的流浪乞讨人员救助管理办法》，结合民政部《生活无着的流浪乞讨人员救助管理机构工作规程》对救助工作的要求，经过调查论

证,表明本建设标准对流浪乞讨人员救助站建设规模的分类和建设规模的确定是合理的,具体测算方法如下:

一、对地级以上城市,根据典例调研,其年救助量人次分布,从高到低聚合在7000～11000、3500～7000、1500～3500这三个区间。

此外,根据实际调查情况,补充考虑县级救助管理站的规模分类。根据实际调研,大多数县级救助管理站的年救助量在1500人次以下。《城市生活无着的流浪乞讨人员救助管理办法》规定:"县级以上城市人民政府应当根据需要设立流浪乞讨人员救助站。"在实际调查中发现:建立县救助站非常有必要,特别是处于交通枢纽、多省交汇地带、边远地区的县救助站。但县救助站的建设应视当地的社会经济发展状况而定,做到基本功能齐全,规模适度,标准适宜,以满足实际需求。

附表1 各级城市救助管理站年救助量比例分布统计

年救助量(人次)	省级城市站(%)	地市级城市站(%)	县级城市站(%)
1500以下	—	32.1	88.3
1500～3500(不含)	7.1	44.1	11.7
3500～7000(不含)	21.4	20.1	—
7000～11000(不含)	42.9	2.5	—
11000以上	28.6	1.2	
合计	100.0	100.0	100.0

二、在实际救助工作中,由于救助对象的情况具有不确定性,一年内的日救助量和月救助量都呈现较大波动。根据实际调研及统计,约10%的救助管理站最大日滞站人数和平均日滞站人数差值超过10倍;最大月救助量和平均月救助量的差值则约为2倍。日救助量受突发事件等因素影响较大,具有很大的不确定性和偶然性,由此激增的个别日最大滞站量,可借助其他社会资源或在站内增设临时床位数(如折叠床、帐篷等应急设备)来解决;而月救助

量的波动则主要与季候等因素有关,具有一定的规律性,因此本建设标准将最大月救助量波动率纳入考虑。

最大月救助量波动率＝最大月救助量÷平均月救助量
　　　　　　　　＝最大月救助量÷(年救助量÷12)

根据典型案例调查,90%以上的救助管理站最大月救助量波动率在120%～300%之间,本建设标准最大月救助量波动率取其均值210%。

三、据民政部门统计及实际调研情况,受助人员平均滞站时间约为4.7天。民政部《城市生活无着的流浪乞讨人员救助管理办法实施细则》规定:"救助站应当根据受助人员的情况确定救助期限,一般不超过10天"。在实际调查中,少数智障、身份不明等特殊受助人员滞站时间较长,有的超过10天甚至长达半年之久。2006年民政部等六部委共同发布《关于进一步做好城市流浪乞讨人员中危重病人、精神病人救治工作的指导意见》,要求加强对智障等特殊受助人员的救助。综上所述,本建设标准平均滞站时间按5天取值。一个床位的周转次数为365/5＝73次,则:

所需床位数＝年救助量÷床位周转次数×最大月救助量波动率
　　　　　＝年救助量÷73×210%

四、根据上面的方法和说明,附表2给出了年救助量分别为1000、1500、3500、7000、10000人次的流浪乞讨人员救助管理站所应建设的规模(床位数)。

附表2　年救助量所需救助人员床位数

年救助量(人次)	年床位周转次数	最大月救助量波动率	床位数(张)
11000			316
7000			201.4
3500	73	210%	100.7
1500			43.2
1000			28.8

五、综合上述分析,按年救助量,可将流浪乞讨人员救助管理站的规模按附表3划分。

附表3 流浪乞讨人员救助管理站规模分类表

类　别	年救助量(人次)	床位数(张)
一类	7000~11000	200~300
二类	3500~6999	100~199
三类	1500~3499	50~99
四类	1500以下	30~49

考虑到方便管理、充分利用设施等因素,流浪乞讨人员救助管理站的规模不宜过大,故将一类站的规模上限定为300张床位。年救助量在11000人次以上的救助站只是少数,为满足实际工作需要,可分点设置,或适当增加流浪乞讨人员救助管理站的床位数并参照一类标准执行。考虑到救助站受助人员居室应男女分区,且应单独设置特殊人员居室,故对规模较小的三、四类救助管理站床位数做了适当放量。

为了节约资源,充分发挥投资和规模效益,切合县级站的实际需求,并满足分类救助和分类管理的基本要求,将四类站的下限设为30张床位。对于救助量较小的县,可设立救助分站或临时救助点,在救助分站和临时救助点内配备必要的设施和装备。

根据《生活无着的流浪乞讨人员救助管理机构工作规程》及实际调研情况,对于刚入站受助人员中的患病人员、情绪异常人员、老年人,要进行不超过36小时的短期观察,因此需要在入站观察室和观察隔离室中设置一些床位,但这些床位是过渡性的,不是受助人的居住床位,故本建设标准确定建设规模的床位不包括这些过渡性床位,仅指受助人居室中设置的床位。

第十一条 本条明确了流浪乞讨人员救助管理站建设工程的主要组成部分。

流浪乞讨人员长期在外,生存环境艰苦,人员构成混杂,卫生健康条件差,与社会隔阂。因此流浪乞讨人员救助管理站在为其提供基本生活保障的基础上,还需要提供安全防护和卫生医疗设施,并提供必要的集体活动场地和设施。此外,为了开展救助工作还需要配备必要的装备。

第十二条 本条明确了流浪乞讨人员救助管理站房屋建筑的基本项目。

根据国务院第381号令《城市生活无着的流浪乞讨人员救助管理办法》、民政部《城市生活无着的流浪乞讨人员救助管理办法实施细则》、民政部《生活无着的流浪乞讨人员救助管理机构工作规程》、国家质量监督检验检疫总局和国家标准化管理委员会《救助管理站服务》中对流浪乞讨人员救助管理站基本建设的要求和规定,参照民政部《救助管理机构等级评定》,结合目前流浪乞讨人员救助管理站功能用房的设置和实际使用情况,流浪乞讨人员救助管理站房屋建筑的基本项目包括:受助人员用房(接待、生活、活动、医务)、管理用房、工作人员生活用房和附属用房,其中:

受助人员接待用房,包括接待厅(含查询、登记)、值班室、安保室(含监控)、警务室、物品保管室、入站消毒室、入站观察室等,以方便流浪乞讨人员求助;对求助者进行查询、登记、安全和健康检查;对入住者进行短期观察服务。

受助人员生活用房,包括各类居室、卫生间、盥洗室、浴室、受助人员餐厅、理发室、管理值班室、储藏室等,以向受助人员提供基本的吃、住等生活服务。

受助人员活动用房,包括多功能室、活动室、心理疏导室、社会工作室等。针对流浪乞讨人员心理、生理特点,设置必要的活动用房,并开展社工干预、心理辅导等,有助于流浪乞讨人员回归家庭和社会。

受助人员医务用房,包括诊室、治疗室、观察隔离室、处置室等。由于流浪乞讨人员健康状况普遍较差,是传染病的高发人群,因此需设相关医务用房,以提供身体检查、卫生保健和一般诊疗等基本卫生服务。

管理用房,包括办公室、会议室、财务室、档案室等。流浪乞讨人员构成复杂,除了确保自愿求助人员的救助工作外,还需要加强引导和管理工作,这是为了确保流浪乞讨人员救助管理站日常管理工作的正常运转而设置的。

工作人员生活用房,包括值勤宿舍(含工作人员备勤宿舍、外来人员临时宿舍)、工作人员餐厅、活动室等。由于机构性质特殊,工作人员需要在站内值勤服务,《生活无着的流浪乞讨人员救助管理机构工作规程》明确要求"实行24小时接待制",此外还要为其他救助管理站接送受助人的工作人员在中转期间提供必要的食宿服务,因此需要设置值勤宿舍和餐厅。另外,面向流浪乞讨人员的救助工作情况复杂、压力大、风险高,因此有必要为工作人员设置活动室,以减轻他们的工作压力。基于安全管理和方便使用的考虑,工作人员生活用房与受助人员生活用房应分区设置,故需单独设置工作人员的活动室和餐厅。

附属用房,包括车库、洗衣房、厨房、设备用房(配电室、锅炉房、电梯机房、通信机房、空调机房等)、门卫室等,以保障流浪乞讨人员救助管理站的后勤服务工作需要。

第十三条 本条明确了流浪乞讨人员救助管理站场地的内容。

第十四条 本条明确了流浪乞讨人员救助管理站建筑设备的要求。

第十五条 本条明确了流浪乞讨人员救助管理站装备的基本分类。

流浪乞讨人员救助管理站配置的装备是为确保流浪乞讨人员救助管理站工作正常运行,为流浪乞讨人员提供基本服务和管理的必备条件,本条所列项目为基本装备。

根据民政部、公安部、财政部、住房城乡建设部、卫生部2009年共同下发的《关于进一步加强城市街头流浪乞讨人员救助管理和流浪未成年人解救保护工作的通知》,"民政部门要加强街头救助","劝导、引导街头流浪乞讨人员进入救助管理站接受救助,不愿入站的,根据其实际情况提供必要的饮食、衣被等服务",因此对救助车的使用需求进一步增大,应配置专用救助车。救助专用车应统一配置标准,设置隔离防护、无障碍设施等功能,减少救助流浪乞讨人员过程中意外事故的发生,满足传染病、智障、残障等特殊受助人员的救助需求。

第三章 建筑面积及相关指标

第十六条 本条明确了流浪乞讨人员救助管理站房屋建筑面积指标的确定方法。

第十七条 本条是对不同类别流浪乞讨人员救助管理站房屋综合建筑面积指标所作的规定。

不同类别流浪乞讨人员救助管理站房屋综合建筑面积指标是根据各类用房实际所需面积,参照有关工程技术规范和建设标准,如《流浪未成年人救助保护站建设标准》建标111(一、二、三类面积指标分别为:30m^2/床、33m^2/床和35m^2/床)、《老年养护院建设标准》建标144(一、二、三、四类面积指标分别为:40m^2/床、41m^2/床、42m^2/床和44m^2/床)、《老年人居住建筑设计标准》GB/T 50340(面积指标不含公共配套服务设施,分别为:托老所20m^2/床,养老院和护理院25m^2/床;以占总面积的70%计,则分别约为29m^2/床和36m^2/床),并结合对现有流浪乞讨人员救助管理站的调研数据统计(平均值为30.88m^2/床)而确定的。

第十八条 本条明确了流浪乞讨人员救助管理站各类用房的使用面积指标。

根据各类用房实际所需面积,参照有关工程技术规范和建设标准,如《流浪未成年人救助保护站建设标准》建标111、《老年养护院建设标准》建标144、《儿童福利院建设标准》建标145、《老年人居住建筑设计标准》GB/T 50340、《宿舍建筑设计规范》JGJ 36、《党政机关办公用房建设标准》等,结合现有流浪乞讨人员救助管理站各类功能用房的调研数据,依据各类房屋建筑面积的平均值,合理参照中位值,本建设标准分别测算了不同类别流浪乞讨人员救助管理站各类功能用房的使用面积指标,并将其分别累计加和,得到一、二、三、四类流浪乞讨人员救助管理站的综合使用面积指标,详见附表4~附表10。

附表4 接待用房面积指标测算表(m²/床)

用 房 名 称	一类	二类	三类	四类
接待厅	0.8	0.83	0.84	0.95
安保室(含警务室)	0.12	0.18	0.3	0.36
物品保管室	0.3	0.3	0.35	0.35
值班室	0.09	0.15	0.24	0.48
入站消毒室	0.16	0.22	0.28	—
入站观察室	0.22	0.26	0.31	0.48
合计	1.69	1.94	2.32	2.62

注:1 三、四类不单设警务室,其相应功能面积合并到"安保室"中。

2 四类不单设入站消毒室,其相应功能面积合并到"入站观察室"中。

附表5 生活用房面积指标测算表(m²/床)

用 房 名 称	一类	二类	三类	四类
受助人员宿舍	4.34	4.44	4.64	4.64
特殊人员宿舍	1.08	1.17	1.27	1.27
母婴室	0.14	0.16	—	—
公共卫生间	0.66	0.72	0.80	0.80
受助人员餐厅	0.65	0.65	0.68	0.68
理发室	0.12	0.14	—	—
值班室	0.20	0.27	0.51	0.51
储藏室	0.19	0.24	0.37	0.37
合计	7.38	7.79	8.27	8.27

注:1 三、四类不单设母婴室相应功能面积并入"女受助人员宿舍"中。

2 三、四类不单设理发室。

附表6 活动用房面积指标测算表（m²/床）

用 房 名 称	一类	二类	三类	四类
活动室	0.80	0.88	1.80	1.98
社会工作室	0.28	0.28	0.3	0.66
心理辅导室	0.2	0.24	0.27	—
多功能室	0.46	0.50	—	—
合计	1.74	1.90	2.37	2.70

注：1 三、四类不单设多功能室，其相应功能面积并入"活动室"中。
   2 四类不单设心理辅导室，其相应功能面积并入"社会工作室"中。

附表7 医务用房面积指标测算表（m²/床）

用 房 名 称	一类	二类	三类	四类
诊室	0.13	0.15	—	—
治疗室	0.16	0.18	0.45	0.48
观察隔离室	0.16	0.18	—	—
处置室	0.11	0.15	0.24	0.48
合计	0.56	0.66	0.69	0.96

注：1 三、四类不单设诊室，其相应功能面积合并到"诊疗室"中。
   2 三、四类不单设观察隔离室。

附表8 办公管理用房面积指标测算表（m²/床）

用 房 名 称	一类	二类	三类	四类
办公室	0.6	0.6	0.64	0.72
会议室	0.45	0.48	0.48	0.64
财务室	0.2	0.24	0.3	0.48
档案室	0.2	0.24	0.3	0.36
合计	1.45	1.56	1.72	2.2

附表9 工作人员生活用房面积指标测算表(m²/床)

用 房 名 称	一类	二类	三类	四类
工作人员餐厅	0.50	0.52	0.53	1.25
值勤宿舍	0.38	0.50	0.54	—
活动室	0.43	0.49	0.58	—
合计	1.31	1.51	1.65	1.25

注:四类不单设值勤宿舍、活动室。

附表10 附属用房面积指标测算表(m²/床)

用 房 名 称	一类	二类	三类	四类
洗衣房	0.17	0.19	0.22	0.32
厨房	0.4	0.42	0.44	0.48
门房	0.13	0.18	0.24	0.4
库房	0.58	0.58	0.58	0.60
车库	0.48	0.48	0.48	0.54
设备用房	0.36	0.38	0.40	0.45
合计	2.12	2.23	2.36	2.79

根据流浪乞讨人员救助管理站的房屋设置和受助人员的特点,兼顾各地的建筑差异,并参考《流浪未成年人救助保护站建设标准》建标111(使用系数为0.65)、《老年养护院建设标准》建标144(使用系数为0.60~0.65)、《社区老年人日间照料中心建设标准》建标143(使用系数为0.65)、《老年人居住建筑设计标准》GB/T 50340(使用系数为0.60)等有关标准和技术规范对使用系数的规定,本条对使用系数作了规定。

第十九条 本条明确了流浪乞讨人员救助管理站建设用地的原则和指标。

根据典型调查,部分新建和改扩建的流浪乞讨人员救助管理站的床均室外活动场地面积的平均数在3.79m²/床左右。依据民政部《救助管理机构等级评定》的规定:"室外活动场地面积应按不低于4m²/床",并参照《流浪未成年人救助保护站建设标准》建标

111(4.0~5.5m²/床)、《儿童福利院建设标准》建标145(4~5m²/床)、《老年养护院建设标准》建标144(不宜小于400~600m²,按最低限为100床,则为4.0~6.0m²/床)、《普通幼儿园建设标准》DG/T 08—45(4m²/生)等,为节约和充分利用土地资源,并考虑四类室外活动场地面积不宜过小,故本建设标准明确规定了一类~三类流浪乞讨人员救助管理站室外活动场地面积指标为4.0m²/床,四类救助管理站为4.5m²/床。一类救助管理站在用地紧张的情况下,可适当降低室外活动场地面积标准。

第四章 选址及规划布局

第二十条 本条阐明了新建流浪乞讨人员救助管理站的选址要求及总体布局的原则要求。

流浪乞讨人员救助管理站选址尽量在城区范围内,是为了便于流浪乞讨人员上门求助。

根据新建流浪乞讨人员救助管理站的性质、任务及流浪乞讨人员的特点,在新建项目选址时应综合考虑工程地质、水文地质、交通条件、市政基础设施及周边环境等因素,为开展救助服务提供便利。

在救助量较大的大城市,为便于流浪乞讨人员获得及时救助,除应建的流浪乞讨人员救助管理站外,宜在人流密集地区如闹市区及车站码头等交通枢纽处设置救助管理咨询点或救助服务点。

流浪乞讨人员救助管理站集受助人员生活、活动、医疗、管理等功能于一体,因此在总体布局时应根据《生活无着的流浪乞讨人员救助管理机构工作规程》,充分考虑救助站的功能要求与救助流程,做到合理分区、线路通畅、服务方便,以确保救助服务工作能够有序进行和在紧急情况下站内人员能够安全疏散。

第二十一条 本条阐明了流浪乞讨人员救助管理站与流浪未成年人救助保护中心的关系。

当流浪乞讨人员救助管理站如与流浪未成年人救助保护中心合建时,流浪未成年人救助保护中心应依据《流浪未成年人救助保护中心建设标准》建标111建设,其生活区与活动区应独立设置。流浪乞讨人员救助管理站的室外活动场地宜与流浪未成年人救助保护中心分开或划分明显区域,对于三类、四类流浪乞讨人员救助管理站的室外活动场地,当受条件所限无法和流浪未成年人救助保护中心分开时,使用时应采取相应措施,如分时使用、人员监护等,以确保安全。

第二十二条 本条明确了流浪乞讨人员救助管理站建设用地的原则和指标。

考虑到建设和运营的经济性以及使用的安全性,流浪乞讨人员救助管理站建筑宜为低层或多层。考虑到救助管理站有一定的室外活动场地和衣物晾晒的要求,同时参照同类低层或多层建筑的有关工程技术规范和建设标准,如《儿童福利院建设标准》建标145(容积率宜为0.6~1.0)、《老年养护院建设标准》建标144(容积率不宜大于0.8)、《普通幼儿园建设标准》DG/T 08—45(容积率不宜大于0.65)等、《综合医院建设标准》建标110(以0.7的建筑容积率为基点规定床均用地面积指标),结合典型案例调查数据,本建设标准对流浪乞讨人员救助管理站的容积率做出0.65~1.0的规定。在用地紧张的情况下,可以采用高层并适当增加容积率。

绿化和停车用地根据节约用地原则合理确定,应符合当地城市行政管理部门的相关规定。绿化用地参照有关工程技术规范和建设标准,如《普通幼儿园建设标准》DG/T 08—45(绿化率不小于30%)、《居住区规划设计规范》GB 50180规定新区建设绿地率不小于30%;同时结合调研数据,并考虑到流浪乞讨人员救助管理站是流浪乞讨人员的临时居所,本建设标准对流浪乞讨人员救助管理站的绿地率做出不宜低于25%的规定。

第五章 建筑标准及有关设施

第二十四条 本条阐明了确定流浪乞讨人员救助管理站建筑标准的原则和依据。这是根据流浪乞讨人员特殊的经历和心理状态以及对他们进行救助需要提出的。同时,流浪乞讨人员救助管理站的建设应符合国家相关规范的要求。

第二十五条 本条从受助人员安全和管理方便的角度出发,对其周界围护提出了要求,可以结合场地条件,利用建筑、绿篱、围栏等进行围护。

第二十六条 本条阐明流浪乞讨人员救助管理站建筑外观的要求。

第二十七条 本条阐明受助人员居室设置的要求。根据《城市生活无着的流浪乞讨人员救助管理办法》的规定,流浪乞讨人员救助管理站的救助对象"城市生活无着的流浪乞讨人员"是指因自身无力解决食宿,无亲友投靠,又不享受城市最低生活保障或者农村五保供养,正在城市流浪乞讨度日的人员。"他们的性别、年龄各异,身体健康状况与智力发展程度也不尽相同,因此在生活需求和管理服务方式上也有很大差别。由于人员构成的复杂性,为了更好地对他们进行救助管理和服务,体现"以人为本"的工作理念,故受助人员居室应根据具体情况和工作要求,进行分类设置。流浪乞讨人员救助管理站与流浪未成年人救助保护中心合建时,还应单独设置未成年人生活区,本条也对此进行了强调。受助人员床位宜采用单层床主要是出于安全考虑。根据现行国家标准《救助管理站服务》GB/T 28223—2011中对于救助站服务的相关规定:救助管理站受助人员生活设施应符合单人单床的规定。

第二十八条 本条阐明了流浪乞讨人员救助管理站受助人员居室内装修的要求。智障及残障等特殊受助人员居室内方柱和内墙的阳角做成圆角,并对插座、插头采取防护措施,是安全防护的需要,并体现了人性关怀。

第二十九条 本条明确了流浪乞讨人员救助管理站受助人员生活区内设置卫生间、盥洗室及浴室的要求。受助人员生活区内卫生间、盥洗室及浴室的设置要求应参照现行行业标准《宿舍建筑设计规范》JGJ 36 的相关规定执行,考虑到观察室和智障及残障等特殊受助人员居室的实际需要,这两类房间可设独立卫生间。

第三十条 本条阐明了流浪乞讨人员救助管理站建筑的采光、通风要求。受助人员生活和活动用房应保证良好的通风采光条件。窗地比数值的确定参照《住宅设计规范》GB 50096—2011 的规定:卧室的采光窗洞口的窗地面积比不应低于 1:7。

第三十一条 本条明确了流浪乞讨人员救助管理站受助人员用房和生活区内建筑防护设施的要求。这是考虑到部分特殊受助人员(如智障等)不具备完全民事行为能力,为了确保受助人员安全,防止发生意外事故而提出的。

第三十二条 本条明确了流浪乞讨人员救助管理站餐厅的设置要求。考虑到流浪乞讨人员中老年人、少数民族人员和患病人员的特殊饮食需求,故作此规定。流浪乞讨人员救助管理站与流浪未成年人救助保护中心合建时,餐厅设置还需考虑未成年人的特殊饮食需求,本条也对此进行了强调。

第三十三条 进入生活区之前,经过安全检查,是确保受助人员及工作人员人身安全的重要工作环节,应配备必要的安检设备。由于流浪乞讨人员长期流落街头,卫生健康状况较差,感染传染病和皮肤病的比例较高,故对入站登记区的消毒室和洗衣房的内部设置做出要求。

第三十四条 本条明确了流浪乞讨人员救助管理站供暖和空气调节的设置要求。鉴于我国大部分地区夏季均需在室内采取降温措施,考虑经济实用,并保障站内人员的人身安全,作此规定。

第三十五条 本条明确了流浪乞讨人员救助管理站的用电及电器装置的要求。

第三十六条 本条明确流浪乞讨人员救助管理站的建筑防火要求,是参照《建筑设计防火规范》GB 50016—2014 制定的。

第三十七条 本条对流浪乞讨人员救助管理站网络管线的布置和预留接口提出了要求,考虑到流浪乞讨人员构成复杂,部分特殊人员(如智障等)不具备完全民事行为能力,为了保护站内人员的人身安全,居室应设呼叫系统,在公共区域、观察室和智障及残障等特殊受助人员居室应设置监控设施。

第六章 主要技术经济指标

第三十八条 本条阐明了流浪乞讨人员救助管理站投资控制原则以及其适用范围。

第三十九条 本条提出了不同规模、类型流浪乞讨人员救助管理站投资估算指标。

建设项目总投资包括建设投资、建设期贷款利息和流动资产投资三部分。因流浪乞讨人员救助管理站是政府向流浪乞讨人员提供救助的设施,且考虑各地区经济水平差异,故建设期贷款利息和流动资产投资两部分未列入本标准估算指标。其中建设投资包括建筑安装工程费用、工程建设其他费用和预备费用。

根据《建设项目经济评价方法与参数》、《投资项目可行性研究指南》的相关规定,同时参照近期建设工程造价经济指标,并参照部分流浪乞讨人员救助管理站的调研,本建设标准确定了不同规模类型流浪乞讨人员救助管理站的单位投资指标,并综合考虑了单位投资与建设规模成反比等因素。具体测算如下:

(1)建筑安装工程:包括建筑工程、安装工程和室外工程三个部分。其中建筑工程又包括土建工程及室内装饰工程:土建工程费用按建设规模所对应的床位数折算为建筑面积测算,随建筑面积递减而增大,同面积情况下采暖地区略高于非采暖地区;室内装饰工程费用按建筑面积测算。安装工程费用按各功能用房面积分别测算出各专业的费用。室外工程(活动场地除外)费用按建筑工程与安装工程合计费用的5%计列。

(2)工程建设其他费用:综合考虑各地区自然经济条件和政策差异,工程建设其他费用(包括项目前期咨询费、勘察设计费、工程监理费、招投标代理服务费、建设项目各种规费等)按建筑安装工程费用的12%计列。

(3)预备费用:按建筑安装工程费用的5%计列。

表3中提出的指标未考虑特殊地形地貌和地质条件等情况。

第四十条 本条根据《全国统一建筑安装工程工期定额》,提出了不同规模类型流浪乞讨人员救助管理站建设工期。

第四十一条 本条强调流浪乞讨人员救助管理站的经济评价应按国家现行的建设项目经济评价方法与参数进行。